CHINA'S
MEGA PROJECTS
中国超级工程丛书

CHINA BUILDING

中国楼

聂震宁　总顾问

陈　馈　王江卡　周　蓓　主编

河南科学技术出版社
·郑州·

"中国超级工程丛书"编委会

前言 PREFACE

有这样一些工程被誉为"超级工程"，它们通常规模宏大、技术复杂，一般应用多项突破性的科学技术，而且在所建造的时代，它们具有代表性和象征意义。

"超级工程"推动了社会的发展，甚至成为一个国家国力强盛的标志，影响深远。

如今，中国的"超级工程"，因其建设的难度大、速度快、科技含量高，已引起世人的高度关注。

为了把这些体现中国人智慧的"超级工程"展现给广大的小读者，"中国超级工程丛书"编著团队从小学高年级学生和中学生的视角出发，从专业的工程建设信息中筛选出小读者感兴趣的知识点，让小读者在阅读中感受"超级工程"带来的震撼，了解这些了不起的工程背后的有趣故事。

读以致用、读以致知、读以修为、读以致乐，通过令人耳目一新的阅读之旅，小读者可以了解当今中国先进的制造业、国际领先的设计水平、无与伦比的施工效率，以及高性价比的产品和服务。阅读这套丛书可帮助小读者树立科学信念与志向，发扬锲而不舍、勇于实践、乐于协作的科学精神。

"超级工程"也凝结了无数建设者的智慧和汗水。小读者捧起这套丛书，从字里行间就能体会到他们百折不挠、不畏艰辛的精神，严肃谨慎、精益求精的态度。而这些让人敬佩的建设者也深深感动着、激励着编著团队！

此外，这套丛书还有丰富、精美的插图，它们能生动地解析复杂的科技原理，把生涩难懂的内容变得鲜活有趣。

阅读这套图文并茂的工程科普图书，可以让小读者化身小小建设者，发现工程建设中的各种挑战，跟着工程师们一起，突破自我、勇敢前行！

CONTENTS
目录

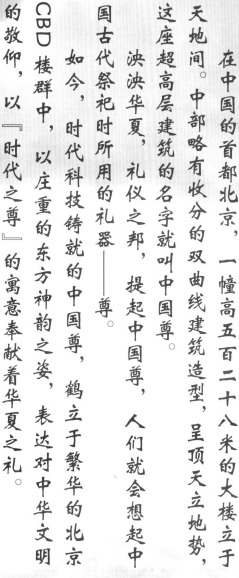

在中国的首都北京，一幢高五百二十八米的大楼立于天地间。中部略有收分的双曲线建筑造型，呈顶天立地势，这座超高层建筑的名字就叫中国尊。

泱泱华夏，礼仪之邦，提起中国尊，人们就会想起中国古代祭祀时所用的礼器——尊。

如今，时代科技铸就的中国尊，鹤立于繁华的北京CBD楼群中，以庄重的东方神韵之姿，表达对中华文明的敬仰，以『时代之尊』的寓意奉献着华夏之礼。

第一章　中国尊

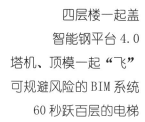

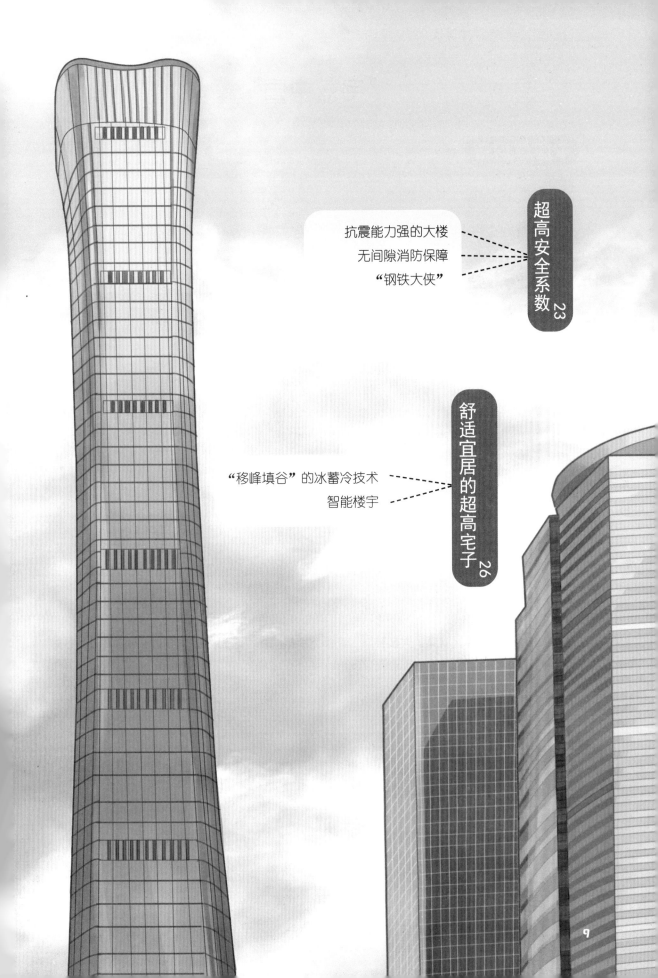

"宅兹中国"

中国尊何来

极为尊贵的礼器

中国尊的外形取自中国古代祭祀时所用的礼器——尊，为酒杯的意思。

在祭祀活动中，古人通过这个礼器配以礼节表达敬重之意，今天"尊重"一词中的"尊"就是从这里会意出来的，是双手拿酒杯表示敬奉的意思。

这么尊贵的礼器，古代人常会在上面刻上铭文，来表达自己的志向。

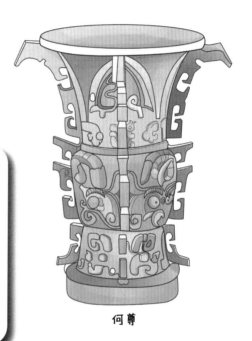

何尊

> ### 你知道吗？
>
> **最早的"中国"**
>
> 1963 年出土的西周时期的何尊，尊内底部铸有 122 字铭文，记述了周成王继承周武王遗志，营建新都成周的事。
>
> 其中"宅兹中国"成为"中国"一词最早的文字记载。

北京 CBD 的核心区域摩天大楼林立，许多北京的代表性建筑都屹立于此，如中央电视台总部大楼、中国国际贸易中心第三期等。这里是北京金融、商务、文化的核心区域，寸土寸金，十分繁华。

中信集团中标

2010 年北京市对 CBD 核心区域的 Z15 地块进行招标，文件要求在这里建设北京"第一高楼"。参加评审的专家希望看到一个具有文化特色的设计方案。

最终，中信集团从包含万达、SOHO 在内的 61 家竞标企业中脱颖而出，买下这块面积约 11 478 平方米的地块，在这里建造一座古韵深厚的超高大楼。

繁华的北京 CBD，华灯初上

你知道吗？

中国尊的设计元素

中国尊的设计还融合了其他元素：其表面一节节好像竹子编成的肌理，设计灵感来自竹编；方块形的楼顶设计灵感来自孔明灯，在夜晚灯火通明，呈冉冉升起之态。

国贸楼群

中信集团以设计的古代礼器——尊的方案参加竞标，十分醒目，古韵深厚，和富有文化底蕴的北京城相得益彰。这个方案一展示出来就得到一众评审专家的青睐。

中国速度

建房子最缺不了什么？

建房子，钢筋、水泥是必不可少的。中国的钢筋消耗量是全球最大的，中国钢铁产量占全球钢铁总产量的一半。

中国水泥的生产量也是全球最多的，中国水泥 3 年的产量约为 66 亿吨，美国水泥 3 年的产量不足 3 亿吨，中国被称为"水泥之王"！

2018 年，全球有 143 座高度在 200 米以上的高层建筑完工，其中中国就有 88 座，约占全年全球完工高层建筑总数的 62%！

2019 年和 2020 年，全球分别有 133 座和 106 座 200 米以上的高层建筑竣工。受新型冠状病毒肺炎疫情等因素影响，2020 年中国新建的 200 米以上的高层建筑数量虽有所下滑，但是依然超过当年世界增量的半数，达 56 座。

你知道吗？

"中国速度"彰显中国力量

2020 年初，新型冠状病毒肺炎在中华大地肆虐，在这千钧一发之际，"中国速度"彰显中国力量。2020 年 1 月 23 日开工，10 天左右建设了火神山和雷神山两家医院，为新型冠状病毒肺炎患者提供了充足的床位，有效地控制了疫情，挽救了无数人的生命，这与死神赛跑的情节可比电影里的更加惊险。

中国尊的建造速度

中国尊的建造同样也把"中国速度"演绎得淋漓尽致。

迪拜塔在建造时，一层施工时间为 12 ～ 18 天。中国尊的建设速度最快为每 3 天建成一层，平均施工速度为 3.5 天建成一层。

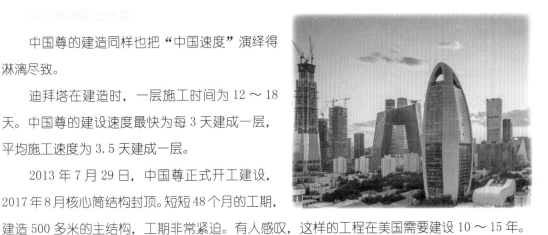

2013 年 7 月 29 日，中国尊正式开工建设，2017 年 8 月核心筒结构封顶。短短 48 个月的工期，建造 500 多米的主结构，工期非常紧迫。有人感叹，这样的工程在美国需要建设 10 ～ 15 年。

中国尊的建设速度正是"中国速度"的缩影，大楼在施工中采用了大量的创新科技，创造了多项世界之最。

打破纪录的中国尊

中国尊在建成时，打破了很多纪录：

（1）在抗震设防烈度为 8 度的区里建造世界最高建筑——528 米。

（2）双轿厢电梯提升高度全球最高——508 米。

（3）施工所用跃层电梯提升高度全球最高——514 米。

（4）施工采用的顶升钢平台是世界上智能化程度最高的。

（5）全球地下室最深、层数最多的超高层建筑。

（6）全球底座面积最大（6 084 平方米）的超高层建筑。

牢固的地基

2013 年 7 月 29 日，中国尊正式开工建设。

要想大楼建得高，地基必须打得牢。中国尊的地基非常大，全球罕见，来看看这样的地基是怎么打造的。

第三步：铺设筏板

在基础桩上面铺设筏板，在筏板上面铺设钢筋，最后用混凝土浇筑大底板。

中国尊基坑

中国尊大底板

第一步：挖深 40 米坑

中国尊的基坑核心筒部分深达 40 米，其他部分深达 38 米；东西长 136 米，南北宽 84 米，这么大的基坑世界罕见。

第二步：插基础桩

在基坑里钻孔，插入钢筋做成的基础桩。

中国尊大底板下打造了 896 根基础桩，核心筒下面的基础桩深达 44.6 米，桩径达 1.2 米；核心筒以外部分下面的基础桩深达 40.1 米，桩径达 1 米。

44.6 米　40.1 米

基础桩

桩径 1 米

桩径 1.2 米

大底板浇筑

核心筒下的大底板厚度达 6.5 米，过渡区域的厚度达 4.5 米，两侧边上的大底板厚度达 2.5 米。

核心筒和过渡区下的大底板是一次性浇筑而成的，共使用 5.6 万立方米的混凝土，其体积相当于 30 个标准游泳池，其浇筑难度可想而知。

历时 93 小时，使用了 200 多台混凝土罐车，经过 2 000 多名工人共同奋战，大底板终于一次性浇筑成功。大底板和它下面 896 根基础桩组成中国尊的地基，将承担起建在它上面的北京第一高楼——高 528 米的中国尊的全部重量。

你知道吗？

大底板用掉的钢筋

大底板所用的钢筋长 12 米、直径 4 厘米，基础桩都是由这些钢筋绑扎而成的。但是你知道每根钢筋有多重吗？

长 12 米、直径 4 厘米的钢筋每根重达 100 千克，把一根钢筋举过头顶需要 8～10 名工人！而中国尊这个大底板用掉了 20 多万根这样的钢筋。

20 多万根钢筋连起来可以绕北京五环 25 圈，可想而知，工人们为此付出了多少汗水！

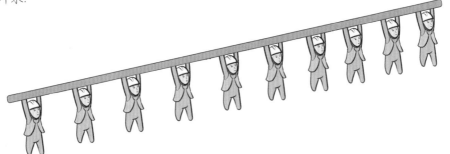

工厂里盖楼

四层楼一起盖

2014 年 12 月 10 日，经过一年多的建设，中国尊渐渐露出了地表，开启了它不断"长高"的新征程。

从 2014 年 12 月 10 日到 2017 年 8 月 18 日，塔冠钢结构吊装完毕、主结构封顶，短短 2 年 8 个多月的时间，中国尊核心筒从 0 "长" 到 528 米，"长高" 速度之快，体现了高效的"中国速度"。

中国建设者是如何做到的呢？奥秘就在于中国自主研发的"空中造楼机"——新一代智能钢平台。

智能钢平台和普通的建楼设备不同，它可是中国尊建设团队自主研发的，拥有 14 项专利，其中包括 6 项发明专利。

智能钢平台上线

当中国尊主体结构——核心筒露出地表后，智能钢平台上线，把它安装到核心筒上，随着建筑结构不断爬升。

智能钢平台尺寸

智能钢平台包裹在核心筒外围。它的长和宽都是 43 米，而高度可达 7 层楼高，其中最大高度达 38 米。

智能钢平台承载力达 4 800 吨，面积达 1 849 平方米。

你知道吗？

"中国速度"的背后是科技创新的支撑

中国的发展速度就像坐上了高铁一样快。但是一开始，中国人并不是想建什么样的楼就能建什么样的楼的。

核心技术大多掌握在外国人手里，能建什么样的楼取决于我们从外国人手里买了什么样的建造高楼的设备。

而今，我国几代建设者们发扬自强不息、勇于创新的创业精神，开拓进取，不懈奋斗，也使中国人拥有了先进设备的研发能力，再也不用受制于人。如今，我们想建什么样的楼就能建什么样的楼！

便捷

里面设有混凝土布料机、物料堆场、临时搭建设施等，有电梯直达钢平台施工层。

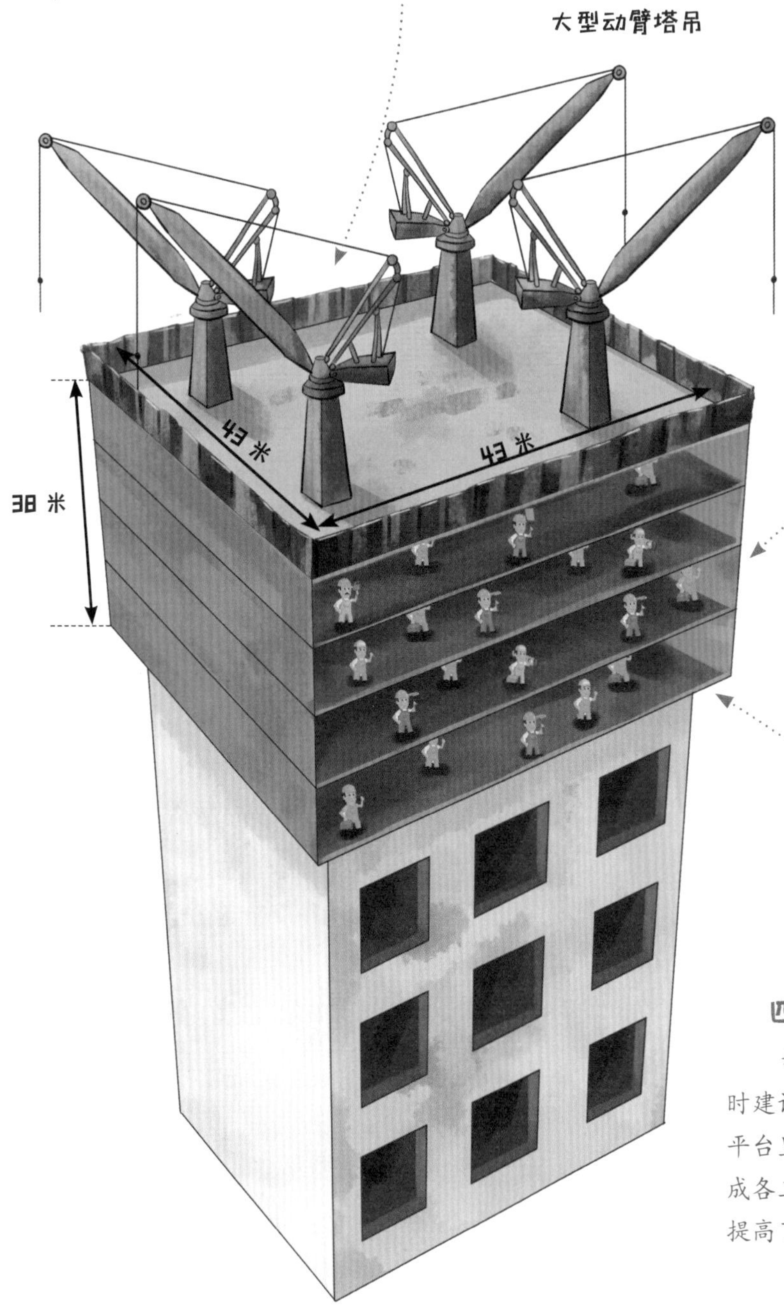

大型动臂塔吊

工厂里盖楼

智能钢平台采用全封闭式平台作业，工人们来到钢平台上建楼就像进入工厂上班一样，很安全。

43 米

43 米

38 米

四层楼一起盖

智能钢平台可以同时建设四层楼，工人在钢平台里不同的建设层，形成各工种流水作业，大大提高了工作效率。

钢平台建楼示意图

智能钢平台 4.0

造楼设备——钢平台不断在改进，现已发展到第四代。理论上，新一代的钢平台可以制造千米以上的大楼！

以前工人站在脚手架上面盖楼，随着技术创新，建楼设备不断优化。

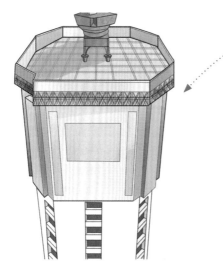

顶模

顶模就是我们所说的钢平台——高层建筑常用的造楼设备。钢平台的好处就是会"爬楼"，随结构高度而顶升，一次安装完毕可沿用到工程结束。

钢平台 1.0：低位顶升钢平台

钢平台的发展经历了四个阶段。

钢平台 1.0：低位顶升钢平台。不能拼装，拆除、安装周期长。

钢平台 2.0：模块化低位钢平台顶模。可以像积木块一样，在不同项目上快速拼装，但是承重力有限。

钢平台 3.0：微凸支点钢平台顶模。承重点由内部变为外侧墙体，外侧墙体单个微凸支点的承重量达 400 吨左右，大幅度提升钢平台承重力。中国尊的钢平台有 12 个这样的支点。

钢平台 4.0：智能集成钢平台。把塔机和钢平台结合成整体。此外，平台还采用智能监控系统，实时监测及预警。最大顶推重量达到 4 800 吨，同时可抵御高空 10 级以上的强风。

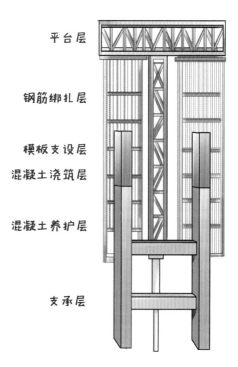

平台层

钢筋绑扎层

模板支设层

混凝土浇筑层

混凝土养护层

支承层

集成钢平台示意图

塔机、顶模一起"飞"

中国尊钢平台（顶模）开了先河，其将 M900D 大型动臂塔吊与顶升钢平台结合，实现塔机、平台一体化。

塔机

塔机就是我们常说的塔吊。通常，塔机和钢平台各自爬升，每次钢平台快要碰到塔机的时候就需要停下来，等待塔机爬升。M900D 大型动臂塔吊犹如向天空展开的翅膀，跟着钢平台一起在天空中"飞"起来。

各自爬升的隐患

要知道，这些庞然大物的爬升或顶升设施投入大、花费时间长，还存在安全、环保、质量等方面的问题。

一体化更高效

当塔机、平台一体化后，可以一起向上升，整个建设期间减少塔机爬升28次、节省预埋件400吨，减少塔机爬升影响的工期约56天，大大提升了塔机效能。

可规避风险的 BIM 系统

建筑信息模型（building information model，BIM）是一种应用于工程设计、建造、管理的数据化工具。上海中心大厦在建设时用过此系统，中国尊的建设团队改善了 BIM 系统，使得 BIM 系统应用更加成熟。

在以前的大楼建设过程中，设计是设计，施工是施工，设计师利用 BIM 设计出的结果交付给施工方后，设计师就基本完成任务了。一旦实践后出现了问题，其后果就是返工或拆除重建。如今，中国尊终结了 BIM 系统的应用不足之处，让 BIM 系统全过程参与施工。设计师首先利用 BIM 系统设计出 50% 左右的三维中国尊模型，然后把参与施工的各部门 "拉进" BIM 平台，参与设计与建设，直至大楼完工。

创新后的 BIM 系统为大楼的建设带来很大的益处，规避了很多风险。在虚拟的 BIM 平台结构中全员参与设计与建设，寻找问题、解决问题。

在中国尊的建设中，BIM 系统解决了 90% 以上的模型碰撞问题，超过 6 200 个错误被及时发现并修改，返工和拆改率减少了 65% 以上，改善后的 BIM 系统使中国尊的施工速度提高了 1.4 倍。

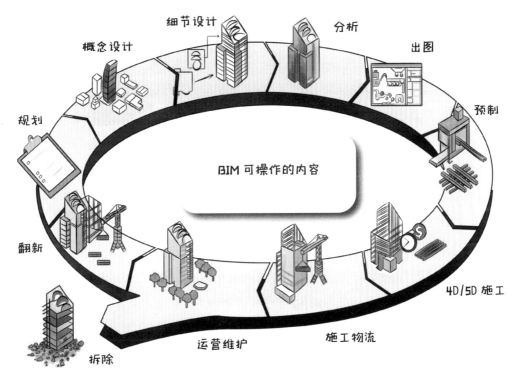

概念设计

细节设计

分析

出图

规划

BIM 可操作的内容

预制

翻新

4D/5D 施工

拆除

运营维护

施工物流

BIM 与工程同步

主体结构一层完工后，BIM 系统并没有"完工"。高精度的三维激光扫描仪上阵，把这一层全方位、无死角、精准地扫描一遍，扫描精确度达 2 毫米。

为了确保数据准确，每一层有 25 站，每一站三维扫描后，利用软件把数据生成点云投影文件。

完成以上操作后，可以确保 BIM 模型与工程同步，后续还可以对工程、室内装修设计起到指导作用。

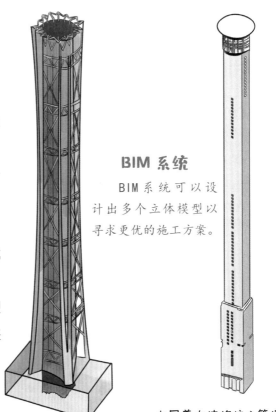

BIM 系统

BIM 系统可以设计出多个立体模型以寻求更优的施工方案。

中国尊外结构模型

中国尊内结构核心筒模型

60 秒跃百层的电梯

电梯是超高层建筑里最主要的交通工具，这个垂直交通工具不可小觑。

项目建设中大量的建筑材料、设备、人员都依靠电梯进行运送，但是以往的施工电梯容量小、速度慢，严重制约了超高层建筑的施工速度。深藏多项"黑科技"的跃层电梯，解决了以往建楼中的垂直交通问题，让中国尊的主体验收时间提前了120多天。这是怎么做到的呢？

一般来说，建筑中的施工电梯需要拆除，再安装正常的客梯。中国尊不走寻常路，其4部跃层电梯既可以作为施工电梯使用，验收后还可以作为客梯使用。

中国尊电梯承载重物运行时，速度还能达到4～6米/秒，是普通施工电梯的4～6倍（普通的施工电梯速度只有1～1.6米/秒）。

这是会"跳跃"的电梯。中国尊跃层电梯的临时机房能像钢平台那样随结构"长高"而爬升，每盖3层、4层或5层，跃层电梯就会"跳跃式"爬升一次。

双层轿厢容量大。中国尊采用双层轿厢电梯，双倍容量，能装更多的人或货物，从而节省了时间。

此外，中国尊电梯的牵引绳采用碳纤维材料。与传统的钢丝绳相比，碳纤维绳极其轻便，可减少高达80%的自身重量，大大地节约了能耗，并且它更耐摩擦、使用寿命更长。

你知道吗？

中国尊的电梯

中国尊可容纳1.2万人办公，所以内置139部电梯来满足日常需求，其中直梯100部、扶梯39部。直梯中的三部观光电梯可直达108层，速度可达10米/秒，从一层到顶层只需约1分钟。其余电梯分别在高、中、低三个楼层区域运行。在31～33层、59～60层、90～91层分别设置了三个空中大堂，与分区电梯相连接。

超高安全系数

抗震能力强的大楼

因为北京离环太平洋地震带较近，中国尊是全球第一座建在抗震设防烈度 8 度区且高度超过 500 米的大楼，所以设计师们会着重研究如何提升中国尊的抗震能力。

因此，除了底座又大又牢固，中国尊的内外结构还具有双层抗震能力。

外框筒

中国尊钢做的外结构，是由巨型柱和捆绑它的巨型斜撑及转换桁架组成的外框筒，各结构互相之间的角度十分考究，以抵抗强大的地震冲击波。

核心筒

中国尊的核心筒不仅是钢筋混凝土的结构，里面还含有钢板剪力墙，有效地增强了核心筒的牢固性。

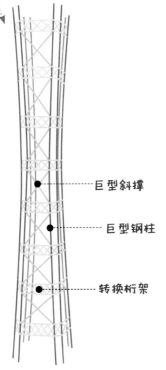

- 巨型斜撑
- 巨型钢柱
- 转换桁架

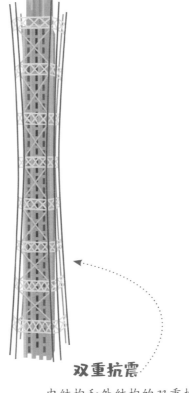

双重抗震

内结构和外结构的双重抗侧力体系，使中国尊可以做到小震不坏、中震可修、大震不倒。

无间隙消防保障

在建大楼失火的事件屡见报端，成为世界性难题。作为超高层建筑，中国尊很重视消防安全。

因为施工用的消防装置是简易的临时消防装置，防护并不全面，所以当楼建好了就需要拆除临时消防装置，再建造正式的消防体系。也就是说，在正式消防体系建好之前，建筑会处于危险中。这个消防问题还属于世界性难题。

永临消防体系

建设者们建到哪一层，就设置一个新的水泵，消防系统就到哪一层，确保在建的中国尊每层都有消防保障。此消防系统一旦建立，不必拆除、永久使用！

缺乏保障

曾经，在建的大楼因为正式消防体系还没有建立，缺乏保障，一旦失火，后果不堪设想。

中国尊终结了这个世界性难题，首创永临消防体系——正式消防体系提前投入使用。

你知道吗？

消火栓的使用方法

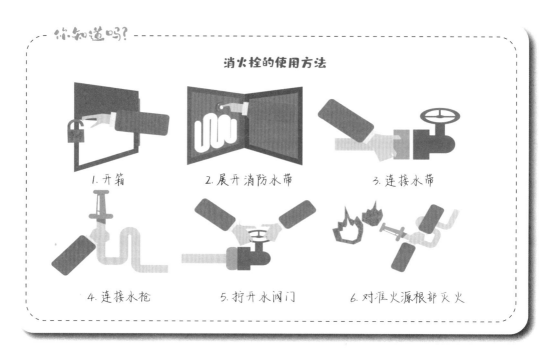

1. 开箱　　　2. 展开消防水带　　　3. 连接水带

4. 连接水枪　　　5. 拧开水阀门　　　6. 对准火源根部灭火

"钢铁大侠"

都说铁经过千锤百炼才能成钢，可见钢有多么坚硬。

中国尊就像一个"钢铁大侠"，其用钢量达 14 万吨。

和同类建筑相比，中国尊的用钢量多出 50%，它建成时就成为国内超高强度钢材用量最大、比例最高的大楼。这个"钢铁大侠"无论是地基还是上层建筑，钢都是材料的主角。

巨型钢柱

中国尊外结构的巨型钢柱虽然里面是空腔的，但是它们非常大，柱子横截面有 64 平方米。

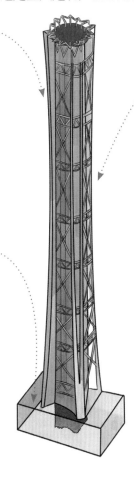

"钢"强的腰身

中国尊中间细，上下端粗，是不利于抗震的（但有利于减弱风的作用力），为了增强其牢固性，建设者们多用了 2 万吨的钢材来建设"钢铁大侠"。

坚固的地基

中国尊的地基是由钢板墙、翼墙，以及四根多腔体巨型钢柱构成的，仅地基用钢量就达 1.3 万吨。

你知道吗?

巨型钢柱是如何立起来的?

人们在中国尊的巨型钢柱面前像蚂蚁一样小，但是建设者们有办法：这些柱子被人们制成一块一块的、能拼装的块状钢铁。像蚂蚁搬运粮食一样，建设者们把这些块状的钢铁搬运到指定的位置，并像拼积木一样把它们向上拼接起来。于是，这些长 500 多米的巨型钢柱被聪明的建设者们立起来了。

舒适宜居的超高宅子

"移峰填谷"的冰蓄冷技术

一种环保新科技——冰蓄冷技术被用于中国尊空调制冷，每年可以节省运行电费约400万元。此项新科技是怎么回事呢？

空调是白天用电量高的主因，尤其在夏天，城市用电负荷巨大。中国尊利用冰吸热融化而制造的冷气，通过空调给大楼降温。这种技术可以缓解白天用电高峰时电量不足的压力，而在夜间用电低谷时，再制造冰。

这种"移峰填谷"的手法缓解了电厂的发电压力，并且产生了良好的效益。

你知道吗？

冰蓄冷技术

夜间，通过一套蓄冰机组，用电把水池制成冰池；白天用电高峰时，可将冰吸热融化带来的冷气传送给大楼实现降温。

智能楼宇

智能手机给我们的生活带来了很多便捷，但你听说过智能楼宇吗？

在施工阶段，中国尊用到了多项新科技，提升了建设速度，是"中国速度"的完美体现。完工的中国尊在管理方面同样运用了很多前沿科技，让我们看看它都用到了哪些"智能管家"。

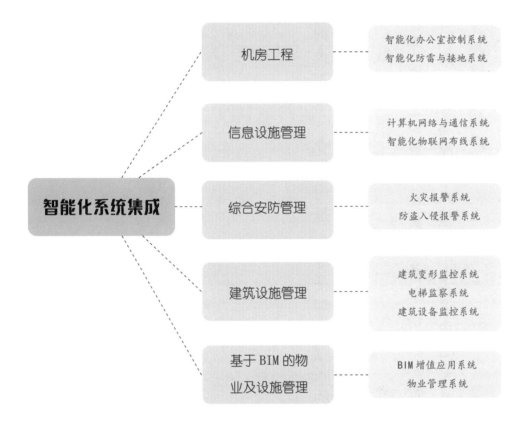

其中还涉及机电设备自动监控系统，可对大楼内的空调、照明、排水等设备进行自动监视与控制；智能传感系统，可感知人员定位、感知访客并进行管理、感知并监视大楼结构变形等；云计算技术应用，把数据统一部署在云平台上，实现软硬件资源共享和协同等。

繁华的大都市，霓虹闪烁，你是那最耀眼的风景，像一位窈窕少女，风姿无与伦比；又像一条盘旋的巨龙，高耸入云，傲视群雄。

2016年3月12日，在我国繁华的大都市上海，一座高632米的超高摩天大楼——上海中心大厦，历经7年多的建设终于竣工了。

这个建在软土地上的超级工程，蕴含着诸多创新科技，是工程师们用汗水和智慧打造而成的。

28

第二章　上海中心大厦

『身怀绝技』的玻璃幕墙 48

牢不可破的玻璃
防火能力大 PK
"外貌协会"成员

做中国『最绿色』的大厦 52

别看我是大厦，我还会发电
自供应水
保温的空中花园
"定楼神器"——阻尼器

工程师的梦想

建设超级大都市

　　摩天大楼曾经风靡西方社会，鳞次栉比的高楼成为超级大都市的象征。改革开放以后，上海以其独特的地理、历史优势一跃成为中国经济最为发达的地区之一，高楼也如雨后春笋般拔地而起，但是想建成中国乃至世界上数一数二的大高楼，对中国工程师来说极具挑战性。

　　上海中心大厦建设之前，中国第一高楼是高 492 米的上海环球金融中心，建设 600 米以上的超高层建筑对中国来说是史无前例的，而中国工程师们，勇于把梦想变为现实。

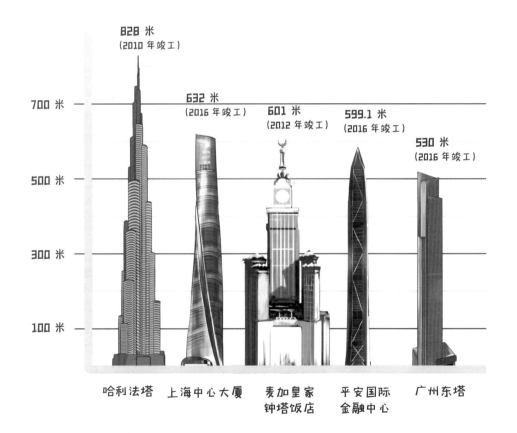

世界上一些著名的超高大楼

"第一高楼"的纪录无论是在中国还是在世界都屡次被刷新，世界上许多地方的建筑都参加过第一高楼的比赛。

但是，追求"世界第一高楼"或者"中国第一高楼"都不是它的目标，上海中心大厦把绿色环保、节能、宜居等因素放在了首位，不争做"第一高"的超高层，但是要争做"最绿色"的超高层。

你知道吗？

世界第一高楼——哈利法塔

目前世界第一高楼是哈利法塔，又名迪拜塔，高828米，楼层总数为162层。

哈利法塔始建于2004年，2010年1月4日竣工。

从空中俯瞰，哈利法塔的楼面呈"Y"形。其设计灵感来自沙漠之花——蜘蛛兰。

"三足鼎立"

20 世纪 90 年代初，上海已成为国内首屈一指的时尚大都市，城市面貌日新月异，城市规划也迫在眉睫。

1993 年，上海市的城市规划提到：将在上海浦东陆家嘴建造三座超高层大楼，来铸就上海超级大都市的城市形象。三座大楼建好后在众楼宇中格外突出，呈三足鼎立之势，远望错落有致。

632 米　上海中心大厦（2016 年竣工）

492 米　上海环球金融中心（2008 年竣工）

420.5 米　上海金茂大厦（1999 年竣工）

上海中心大厦和上海金茂大厦、上海环球金融中心等建筑一起呈现出上海市最美丽的天际线。

你知道吗？

上海

上海已经从一个小渔村发展成我国的超级大都市。上海的地理位置优越，位于中国海岸线的中间位置，并且还在中国第一大河流——长江的入海口处。随着现代全球一体化的发展，海运成为贸易的主要运输方式，上海水路发达，其以独特的地理优势成为中国经济高度发达地区。

中国上海

把公园搬进大厦

陆家嘴核心区域有这样一处绿地，来到这里，我们可以看到老人和孩子欢乐的笑脸，人们在天然氧吧里畅快地呼吸。其占地面积超过了上海环球金融中心、上海中心大厦和上海金茂大厦的占地面积之和。在寸土寸金的大都市，虽然绿地变得尤为奢侈，但是人们深知绿地存在的重要性。

绿地

绿地可以使人保持身心健康。有研究表明，绿地对人们的心理健康有积极的影响，在不考虑其他影响因素的情况下，绿地可以使人们的心情放松。

在钢筋混凝土铸造的楼房里工作、生活的时间长了，你是不是很想到公园等充满自然气息的地方走一走，放松一下？

"空中花园"

上海中心大厦的设计团队想到了绿地对人们的积极影响，以绿色环保理念打造上海中心大厦中的"空中花园"。

设计团队想把大树、花草、泥土搬进超高层，在超高层里建造多个"空中花园"。

全球顶尖设计角逐

在上海外滩，人们的目光都会被上海金茂大厦和上海环球金融中心所吸引，它们代表着上海的时尚、现代化。上海中心大厦要想成为上海浦东的新视觉中心，必须在内外的设计上独具匠心。

外形上，上海中心大厦设计成三面呈 120°扭转上升的柱体，边缘去掉棱角，采用圆弧状。

圆弧状

外表的"圆弧状"设计不仅从整体上中和了金茂大厦和环球金融中心硬朗的外表，还减少了风力对外结构玻璃幕墙的冲击——设计独特且实用。

盘龙

上海中心大厦盘旋上升的外形，犹如盘旋上升的巨龙，非常大气，和中国人的传统文化相贴合。

高耸在北京 CBD 楼群中的中国尊。

在结构上，上海中心大厦是由两层玻璃幕墙构成，内外玻璃幕墙相当于一个圆形的管子外面又套了一个三角形的管子。

结构示意图

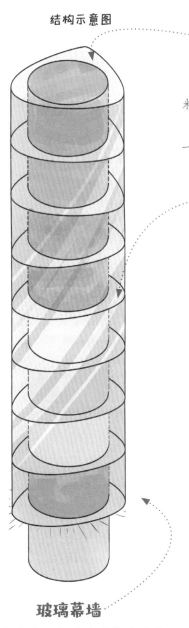

中庭

两个"管子"之间形成宽约0.9米到10米不等的空间，叫作中庭。

中庭被分成了九段（区），每段（区）有一个空中大厅。

空中大厅

空中大厅里面设有空中花园、零售餐饮等公共休闲场所。

九区功能

| 第9区（观光及餐饮） |
| 第8区（酒店及办公） |
| 第7区（酒店） |
| 第2～6区（办公楼层） |
| 第1区（会议及多功能空间、零售商场） |
| 地下室（商业、停车场等） |

玻璃幕墙

上海中心大厦玻璃幕墙的使用面积超过了14万平方米，是世界首个在超高层建筑上采用如此多的柔性玻璃幕墙的工程，被称为"世界顶级幕墙工程"。

梦想变为现实

在"豆腐"上建擎天柱

上海市地处长江中下游平原，长江的入海口在此。滚滚长江，每年卷带着大量的松软泥沙入海，周围的土质不仅松软，而且含水量非常高。在工程师们的眼里，上海市的地质就像块豆腐一样，想要在它的上面建造一座重80多万吨、高632米的超级摩天大楼，这无异于想在"豆腐"上安放一根"擎天柱"。能让这根又重又长的大柱子平稳地立着，是个难题！

你知道吗?

中国的平原

中国大部分人口生活在平原，你知道中国的三大平原（东北平原、华北平原、长江中下游平原）是怎么形成的吗？

我国的地势西高东低，分为三个阶梯。人往高处走，水往低处流，长江从西往东流的过程中，会把上游的泥土带到下游。上海所在的长江中下游平原就是因长江的冲击作用而形成的。河流从第一阶梯流至第三阶梯时，挟带大量的泥土，第三阶梯就被冲刷成为平原。

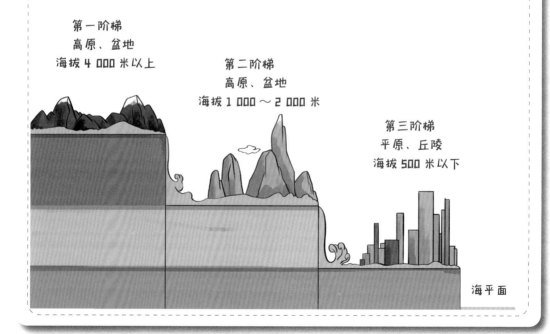

第一阶梯
高原、盆地
海拔 4 000 米以上

第二阶梯
高原、盆地
海拔 1 000 ～ 2 000 米

第三阶梯
平原、丘陵
海拔 500 米以下

海平面

2008 年 11 月 29 日，上海中心大厦破土动工啦！但是难题随之而来——如何在上海市松软的泥土上安放立柱？

因为上海中心大厦太重了，有 80 多万吨，相当于 90 座埃菲尔铁塔的重量。工程师们担心在挖大厦地基的过程中造成泥土流失、地面沉降，导致出现高层倾斜、倒塌等现象。如此重的庞然大物，地基必须稳固。

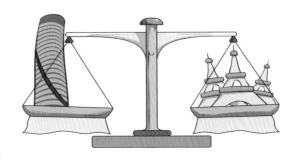

上海中心大厦重量
≫
90 座埃菲尔铁塔重量

你知道吗？

只要打好"地基"，豆腐也能承担重物

试一试，我们在豆腐上做一个坚实的"地基"，看看它能不能承担重物。

（1）把一块沉重的水晶柱直接放在豆腐上，豆腐很快破碎，水晶柱倒下。

（2）换块新豆腐，在豆腐里插入很多根牙签。

（3）再在豆腐上铺上板子，把水晶柱放在板子上，水晶柱就不会倒下了。

板子和牙签在建筑学上相当于基桩，共同承受了水晶柱的重量。

大底板厚约两层楼

经过试验我们知道，要想使重达 80 多万吨的巨柱竖起来，必须打造一个稳固的地基。

世界罕见的大底板

工程师们想把大厦的 1/20 深埋地下，于是挖了一个深约 30 米、直径约 121 米、面积约 11 500 平方米的"大坑"—— 和 1.6 个标准足球场的面积差不多大，在此坑内打造大底板。

大底板的厚度达到 6 米，相当于两层楼的高度。

如此大的大底板，一次性浇筑，没有重来的机会！这对于混凝土的质量、数量来说都是一场巨大的考验。

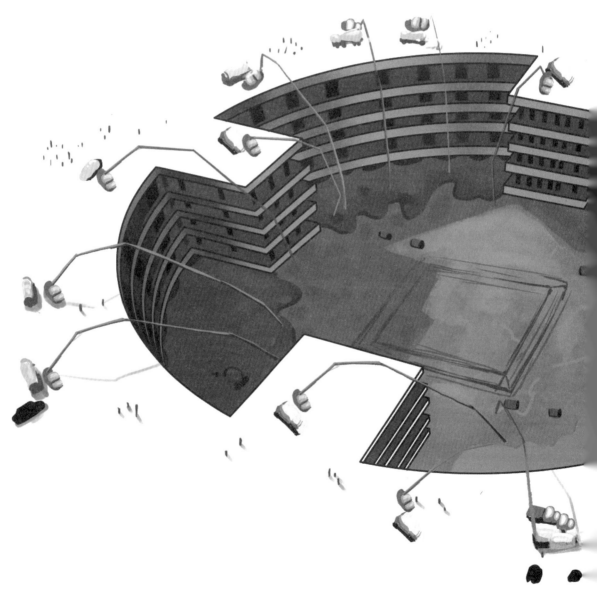

上海中心大厦的工程师们经过反复研究与挑选，最终选择了含水量少、质量超好的混凝土进行浇筑。

当大坑已经挖好，一切准备就绪，就等浇灌基桩的时候，中国人最重要的节日——春节到了。但是工人们不能停下手里的工作回家和亲人们团聚，因为 30 米深的大坑在没有打基桩的时候是最危险的，必须在最短的时间内把基桩打好；否则，松软的泥土很容易崩塌，不仅前期工作可能白忙活了，而且会对周围的建筑产生威胁。

于是，这一年的除夕，上海中心大厦的工人们依然坚守在岗位上，大伙儿热闹地在工地上吃了年夜饭，第二天又在工作中迎接春节。

2010 年 3 月 26 日，500 名工人和 18 台混凝土泵开始浇筑大底板。为保证大底板一次性浇筑成功，需要每小时浇筑 1 000 立方米的混凝土，这是个十分艰巨的任务。当天，上海市 80% 的混凝土搅拌车都出动了，建筑工人们搜集来了全市可利用的混凝土，协调"作战"。

经过精心的准备和计算，大底板终于一次性浇筑成功。

大底板和下面的基桩组成了上海中心大厦的地基，未来它们将共同承载预估 80 多万吨的上海中心大厦的重量。

浇筑大底板

混凝土搅拌车正在浇筑大底板。

大底板浇筑成功，预示着上海中心大厦的地基已打好。

会"攀岩"的钢平台

2010年9月，开工两年后，建设中的上海中心大厦终于露出了地表。随着大厦主体工程越建越高，一些普通建造设备已经不能满足上海中心大厦的需要了，钢平台应运而生。

高空作业在世界各地都是一个比较危险的工作。试想在高空中，脚下仿佛万丈深渊，不仅身体要承受风险，还要有强大的心理素质。尤其当上海中心大厦建到五六百米的时候，一颗小小的螺丝掉下去，坠落到地面都会产生巨大的冲击力，对楼下人们的生命和财产安全造成威胁。

如履平地

工人们在这个平台上可以安心地工作，不用担心脚下会踏空或东西掉下去。工程师们笑称，在几百米高空作业也如履平地。

钢平台

上海中心大厦的钢平台是一个超大工作平台，重1000多吨，周围有2米高的护栏，把上海中心大厦主体结构包裹在其中。

钢平台的运用可以很好地解决这个棘手的问题，有效地保证了在顶部施工的建筑工人和地面人员的安全。钢平台主要运用在超高层、超重的建筑中。

当一层建筑完工，钢平台也需要顶升一层，以继续建造下一层。那么，重1 000多吨的钢平台怎样顶升一层呢？

别看钢平台表面上是个体积庞大的重型设备，但是它们都有一个灵活的绝技，就是能"攀岩"。

攀岩

说起攀岩，身姿矫捷的攀登者们，手脚并用地在悬崖峭壁向上攀爬的画面就会浮现在眼前。钢平台顶升的灵感就来源于此。

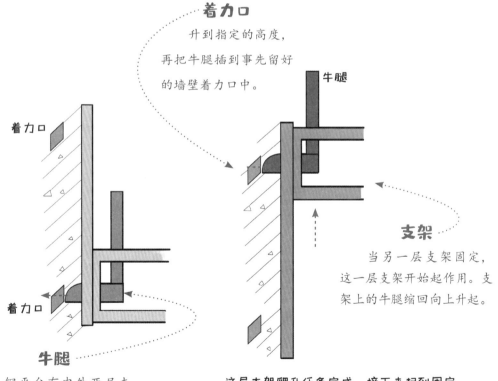

着力口

升到指定的高度，再把牛腿插到事先留好的墙壁着力口中。

牛腿

着力口

着力口

牛腿

支架

当另一层支架固定，这一层支架开始起作用。支架上的牛腿缩回向上升起。

钢平台有内外两层支架，都"长"有伸缩脚，这个伸缩脚叫作"牛腿"，就像人体的两手两脚。

这层支架爬升任务完成，接下来起到固定承重的作用，以便另一层支架爬升。

两层支架就像人的双手双脚，通过两层支架的配合，整个钢平台就能缓慢地升起来了。完成一次顶升，需要内外支架互相交替两次，用时约6小时。

高科技助力

BIM是一款可以建立虚拟建筑工程模型的系统软件，它最大的特点是利用数字化技术，把有关大厦的设计、设备、材料等信息输入进去，能呈现出和实际建筑比例完全一致的三维立体模型，可以达到以往的平面图纸无法达到的效果。

核心筒

上海中心大厦的主体是由两层结构构成的，内结构是混凝土核心筒。

外结构

外结构是由8根巨柱和4根角柱以及桁架等钢构件支撑的。玻璃幕墙将直接挂在这些钢构件上。

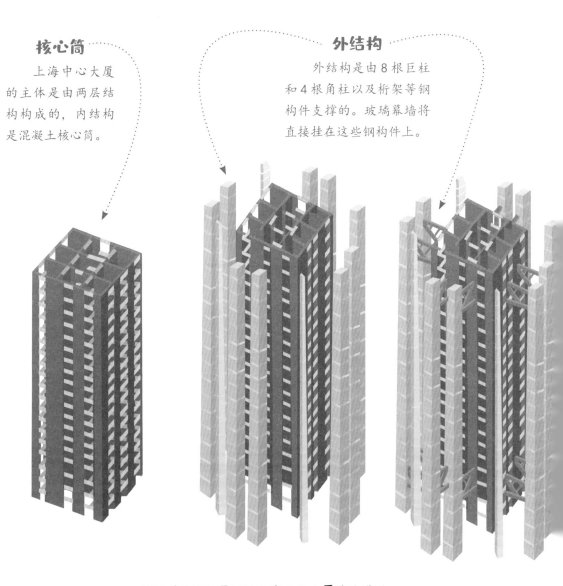

BIM系统软件显示的上海中心大厦结构模型

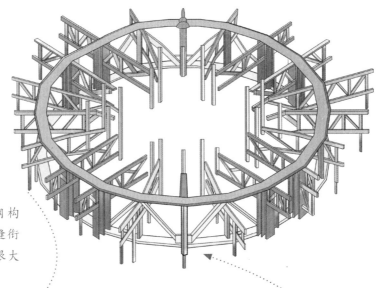

钢构件

要保证每件钢构件在高空中互相无缝衔接，也是一项难度很大的工程。

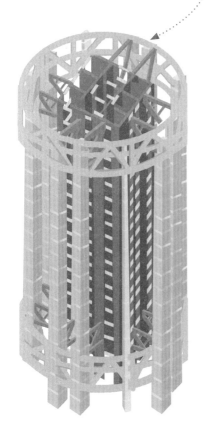

单件

这些钢构件每个单件都重达几千吨，可以用庞然大物来形容。

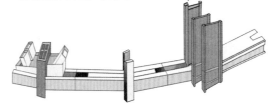

因为零件众多，结构复杂，若用传统建楼方式，工程师们需要花费1个多月的时间在地面预拼装一遍，以确保高空中施工无误。

如今有了BIM系统软件，这一环节可以直接省略，因为BIM系统软件可以准确地显示零部件的位置，甚至每一块玻璃、每一面墙、每一根管线都可以精准呈现。

"丝滑"的混凝土

混凝土是大厦身躯的重要组成部分，它不像钢结构那样，可以预制成型然后通过吊塔运送到顶楼。那么，如何把流动状态的混凝土运到几百米的高空呢？

人们需要一个泵，并通过管道把混凝土泵到顶层。

泵送混凝土

层数越高，泵送混凝土越困难，尤其到最后几层，混凝土要被泵到 600 多米高的地方。

堵塞

混凝土毕竟不是水，里面有大量的颗粒状物质，容易堵塞管道。如果管道被堵塞，就会给施工进度带来影响。这就需要使用超高质量的混凝土。

上海中心大厦所用的混凝土是经过精挑细选的，其质量是普通混凝土不能比拟的。它是一种质地特别细腻的混凝土，里面的颗粒都很圆润，大颗粒或者很多有锋利棱角的颗粒已经被筛选出去，这样的混凝土非常"丝滑"，可以被轻松地泵送到顶层施工区。

你知道吗？

为何要选用"丝滑"的混凝土？

混凝土加水后 6～12 小时就会凝固，所以上海中心大厦的建设者们必须在短时间内把混凝土泵到大厦的顶层，给后续建设争取时间，所以混凝土的"丝滑"程度尤为重要。

"身怀绝技"的玻璃幕墙

牢不可破的玻璃

　　上海中心大厦主体结构完成的地方就可以安装玻璃幕墙了。

　　一提起玻璃你会想到什么？可能是耐腐蚀、透光，但是在你的印象里它一定还有一个致命的缺点，那就是易碎。上海中心大厦要采用两层玻璃幕墙，拿玻璃作为墙体，会结实吗？遇到狂风骤雨、沙尘冰雹等恶劣天气（上海可能很少有冰雹天气，但是临近海洋的上海会经常遇到台风），玻璃幕墙能保护我们吗？

　　答案当然是肯定的。这里的玻璃幕墙可不是普通的玻璃。世界顶级的玻璃幕墙设计师，历经百次棘手的技术攻克，经过三年多的研制、实验、测评，才得到如此坚硬的玻璃幕墙。

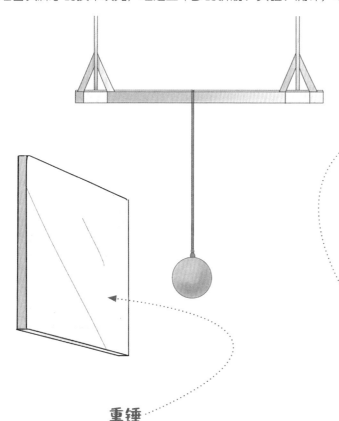

重锤

　　用作幕墙的玻璃在出厂前经历了多项极端的实验，比如重锤、汽车碾压等。其中重锤实验是将一个悬空的铁球打在玻璃上，结果玻璃"毫发无伤"。

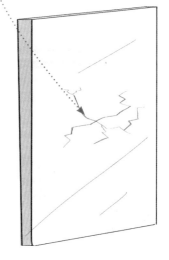

"碎而不散"

　　外力总是可以更大的，当遇到难以承受的力时，玻璃幕墙虽然也会坏，但是与普通玻璃不同，玻璃幕墙不会解体四溅，因为这种玻璃中加了胶片。

防火能力大PK

高层建筑最怕什么，可能人们最先想到的是火灾。高层一旦失火，外部救援很难到达。

而上海中心大厦600多米高的建筑全部采用双层玻璃幕墙，总面积达到14万平方米，这在中国建筑史上是绝无仅有的。在此之前，玻璃幕墙没有被用在超过350米高的建筑上。

要成为高层的主要建筑材料，想必防火性能一定在考虑之列。"身怀绝技"的玻璃幕墙，所用防火玻璃的防火功能可谓是一流的。

不是所有的玻璃幕墙都具有防火功能，普通的钢化玻璃不具备防火功能。如图在专业的场所，具有防火功能的玻璃幕墙和普通的钢化玻璃进行防火能力大PK。

普通钢化玻璃

同时把这两块玻璃放入火中，在大火面前，普通钢化玻璃会瞬间爆裂，火光迅速往上蹿，对消防救援十分不利。

防火玻璃

防火玻璃幕墙在近1小时的炙烤之下，依然保持完整。实验证明，在大火面前，防火玻璃幕墙可以在一定时间内把大火阻挡在外面。

一旦高层失火，这种玻璃幕墙不仅不会助燃，而且还会阻止火势蔓延，为救援、逃生争取宝贵的时间，所以这种玻璃作为建筑材料是很不错的选择。

"外貌协会"成员

有句话说得好："你的形象，价值百万。"

没错，无论是人还是建筑物，形象总是不能忽视的。玻璃幕墙不仅有"内涵"，作为外表，它更加出众。用它做建筑物的表面，就可以反射天空、白云、其他建筑物灯光等的颜色。

无论是白天还是夜晚，上海中心大厦总是一座抢眼的建筑物，这不仅是因为它高，更是因为它变幻多端的美丽外貌——玻璃幕墙。

为什么玻璃幕墙有这种绝技，因为它不仅可以把光线透入室内，还可以把阳光中的紫外线等光线反射出去。当然经过处理后的玻璃，还可以避免发生强光反射而产生光污染。

做中国"最绿色"的大厦

别看我是大厦，我还会发电

随着绿色环保的理念越来越深入人心，上海中心大厦要争做中国高层建筑物中"最绿色"的大厦。从设计之初，上海中心大厦就从方方面面采取了节约能源的措施，如今已经得到一些节能领域的权威认证，它获得了中国《绿色建筑评价标准》绿色建筑三星设计标识和运营标识，以及绿色建筑认证体系（LEED-CS）的白金级建筑的认证等。

上海中心大厦采用了19种绿色环保技术，每年可节约能源25%左右。

上海中心大厦有哪些具体的绿色环保举措呢？

首先被人们称赞的是上海中心大厦的发电功能。

别看发电不是其本职工作，不过在发电条件上，上海中心大厦可是有着得天独厚的地理位置。大家都知道，对于16千米以下的对流层，高度越高温度越低，空气的对流运动也越强，风速越大。所以在上海中心大厦600多米的顶端，风力可不小呢，全年的平均风速是8～10米/秒，这个风速非常适合用来发电。

收集风能转化成电能，可用于大厦的照明、观光设备的运转等，每年为大厦节约电量119万千瓦·时，相当于一个普通家庭300多年的用电量。

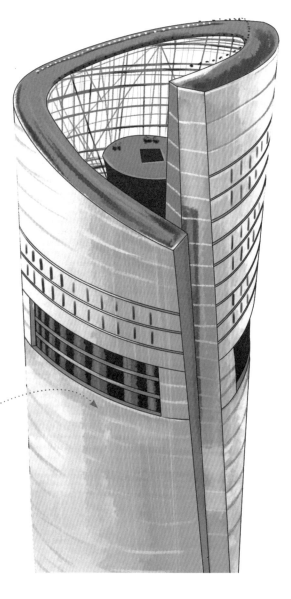

涡轮发电机

工程师们在大厦接近顶端的位置，放置了多达270台涡轮发电机。

自供应水

我们常说一句话："请节约每一滴水！"可见水资源在我们生活中是非常珍贵的资源。采取收集雨水的节水方式，是上海中心大厦绿色环保设计的一大特色。

"漏斗"

从高空俯视上海中心大厦的顶层，它好像是一个巨大的漏斗，这十分便于收集雨水。

收集雨水

圆柱形的大厦中心设有管道，雨水会顺着管道流淌到大厦的水处理站。

水处理站

第66层的水处理站负责处理雨水和66层以上的生活废水、污水，地下第5层的水处理站主要负责处理66层以下的生活废水、污水。

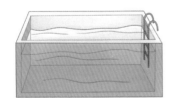

上海中心大厦 1 年节省的水量

≫

250 个标准游泳池的水量

不要小看这个水处理站，因为它不仅可以处理雨水，而且可以处理大厦的生活废水、污水，像一个污水处理厂。处理完的水可循环利用，主要作为大厦的消防用水及中水使用。

上海中心大厦年节省水量不可小觑，相当于250个标准游泳池的水量。

保温的空中花园

　　说起绿色环保、节约能源，上海中心大厦的双层玻璃幕墙不得不再次被提起，它不仅设计新颖、外形亮丽，双层玻璃幕墙还节约了能源。

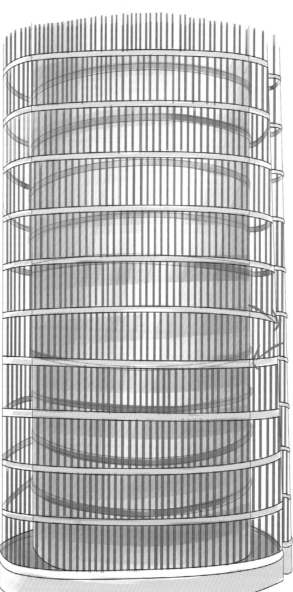

夏天阻热浪

　　在炎热的夏天，双层玻璃幕墙可以阻止外面的热浪直接"侵袭"室内。

冬天保暖

　　在寒冷的冬天，双层玻璃幕墙又可以有效阻止室内的热损失。

双层玻璃幕墙

　　我们家里都有热水瓶，瓶的双层内胆起到了保温的作用。上海中心大厦也像热水瓶的内胆一样，双层玻璃幕墙避免室内直接和外界进行热交换，使得室内冬暖夏凉。

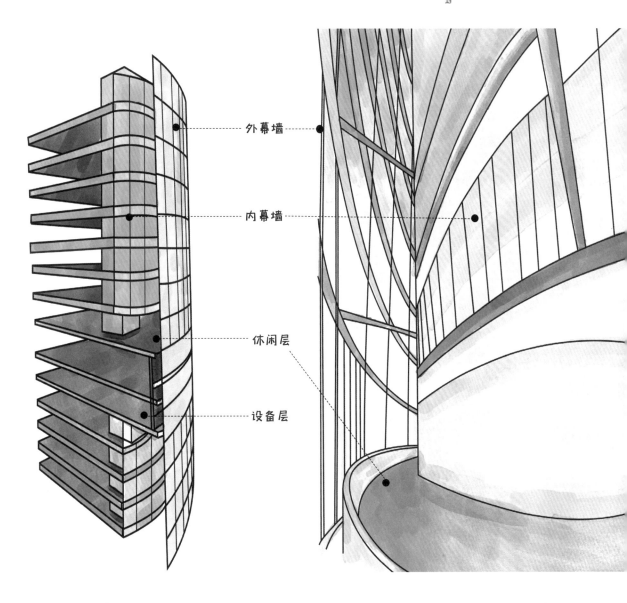

外幕墙

内幕墙

休闲层

设备层

你知道吗?

人是恒温动物

人的体温可以在环境温度变化的情况下保持在 37℃左右，但当外界环境温度过高或过低时我们都不能适应，必须借助外物来保证我们体温的恒定。如当夏天地表温度超过 40℃时，我们身处室内室外都会受不了，而采用单层玻璃幕墙只会让室内的温度更高，于是人们需要加强空调制冷来使室内的气温恒定；当冬天来临，外面很冷，人们需要穿上棉袄度过，在冰冷的建筑物内，人们需要暖气来提高室内温度。单层玻璃幕墙很快就会把室内的余热散发出去，而双层玻璃幕墙却起到了保温的效果，这就避免了过多能源的消耗。所以，双层玻璃幕墙要比单层玻璃幕墙的能源消耗少 50% 左右。

在上海中心大厦 126 层，放置了一块重 1 000 吨左右的阻尼器，被誉为上海中心大厦的"定楼神器"。

阻尼器下压 125 层，上面为露天圆口，可见苍天。

"定楼神器"——阻尼器

何为"定楼神器"呢？就是根据物理学原理，为了消减大厦在狂风骤雨等恶劣天气下的振动而放置的阻尼器。

上海中心大厦所采用的阻尼器是我国一项全新的创新技术，与普通阻尼器利用的机械原理不同的是，上海中心大厦所采用的阻尼器是世界上第一个使用电磁学原理制造的阻尼器。它最大限度地减少或消散了大风对楼宇的作用力，使得这种力通过阻尼系统转化成热能最终消散。

当强风作用于大厦时，阻尼器会产生方向相反的摆动，以抵消风的作用力，从而起到减震的效果。

上海中心大厦阻尼器的最大摆动幅度为 2 米，迄今为止，阻尼器的摆动幅度还没有达到过这个极限。

2018 年强台风"安比"登陆上海，中心风力达到 10 级，是近 70 年来第三个直接从上海登陆的台风。据观测，当"安比"经过上海市时，位于上海中心大厦的阻尼器摆动幅度为 40～50 厘米，所以，上海中心大厦阻尼器的抗震能力还有很大的空间。

你知道吗？

生活中的阻尼器

我们平日生活中也常用到阻尼器。例如，我们都会有这样的印象，当我们推开一扇门松手的时候，这个门由于弹簧的作用，很快关上。当你很担心它会撞到门框发出很大声响的时候，门像被施了魔法一样，慢慢地、轻轻地合上了，这就是利用了阻尼器的原理。不仅是门，抽屉的滑轮等都利用了阻尼器的原理，使其拉合变得更加顺畅、更加平稳。

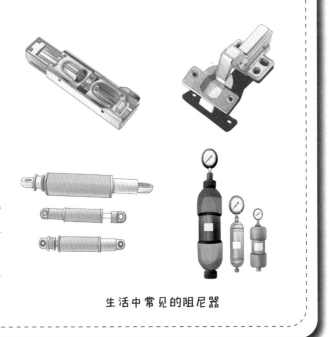

生活中常见的阻尼器

回眸一笑百媚生，优美曲线多轻盈。

珠江畔，一座600米高的电视塔，宛如回眸的少女，亭亭玉立，她就是羊城新地标——小蛮腰。曼妙的身姿，在珠江畔无比动人。

是谁把满身钢筋水泥的建筑打造得这么柔美？

哦，原来是设计师的诗意，被建筑师发挥得淋漓尽致！

第三章　小蛮腰——广州塔

灵感突现
扭腰的美学尺寸
变化多端

回眸的少女 62

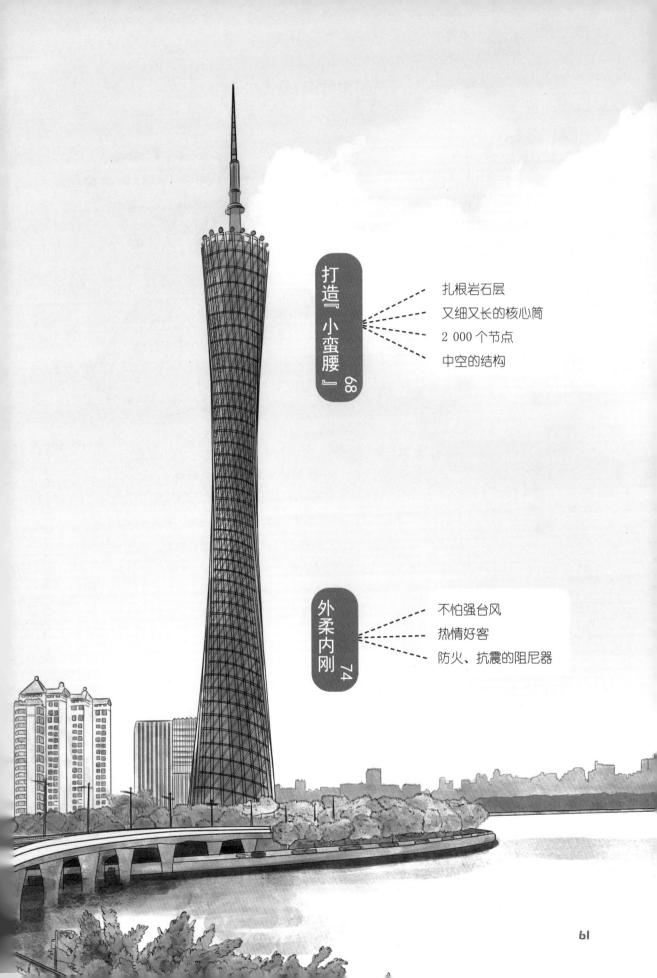

打造『小蛮腰』 68
- 扎根岩石层
- 又细又长的核心筒
- 2 000 个节点
- 中空的结构

外柔内刚 74
- 不怕强台风
- 热情好客
- 防火、抗震的阻尼器

回眸的少女

灵感突现

　　摆弄一些小玩意儿，没准儿会激发设计灵感。如摆弄两个椭圆形的木板和一些橡皮筋，没准儿就能设计出一些建筑造型。

　　将一些橡皮筋的两端分别固定在两块木板上，然后把两块椭圆形木板旋转式拉开，就形成了一个别样的形状：中间细两端粗，呈优美的曲线，但是形成这种形状的每根橡皮筋又是直的。这就是广州塔——小蛮腰的灵感来源。

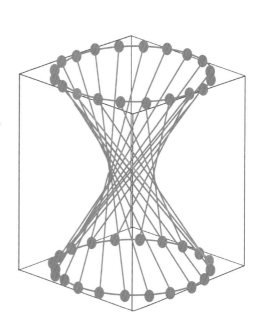

你知道吗？

繁荣两千多年的港口城市

　　广州又名羊城，位于珠江三角洲，濒临南海，是我国南方重要的对外贸易城市，被称为"中国通往世界的南大门"。

　　从公元3世纪起，广州的港口就成为海上丝绸之路的主港；唐宋时，广州港是中国第一大港；如今，广州已是泛珠江三角洲经济区的中心城市。从明清时中国唯一的对外贸易大港，到如今"一带一路"的枢纽，广州港成为两千多年来长盛不衰的大港。

小蛮腰的身世

　　小蛮腰的身世要从 2004 年说起，那时，广州已经获得了 2010 年第 16 届亚洲运动会的举办权，要进行全城大改造以提升城市形象，改造必须在 2010 年亚运会开幕式之前完成。

　　广州塔作为 21 世纪的通信塔，在这次改造中将建造成为一座标志性的建筑。于是，广州面向全球招标广州塔的设计方案。

　　马克•海默尔设计团队抓住了这次机会，他们把"两个椭圆形木板和橡皮筋"的灵感，转换成了小蛮腰的建筑设计方案参加竞标。

　　一般的钢筋混凝土建筑，多有着俊朗的外表，而小蛮腰拥有窈窕的身姿，好像女性柔美的身材。如此女性化的外形，在建筑史上还是很少见的。

　　于是，经过层层严格的筛选，小蛮腰这别出心裁的设计方案成功中标。

你知道吗？

小蛮腰的设计原理

　　后来，人们发现，这个设计原理也可以用一把筷子形象地解释。

　　我们拿来一把筷子，假设顶部是一个椭圆形，底部也是一个椭圆形。然后一只手抓紧筷子的中间靠上部位，另一只手逆时针扭转筷子底部。

　　看，是不是像小蛮腰再现？！

广州塔的减震控制技术人员曾表示："我们的隔震技术很先进，但应用成本较高。我们想，不能只做高大上的项目，也要让先进技术更加亲民。"

扭腰的美学尺寸

深化设计中，设计师就要考虑小蛮腰的"腰围"。到底多细的腰身、扭转多少度才能达到最佳的建筑学美感。

超模身材

大自然的鬼斧神工才是最巧妙的，设计师们根据超模完美的人体曲线值，计算出小蛮腰的腰围和回眸最佳角度。

小蛮腰最后被定为：总身高 600 米，天线桅杆高 150 米，主体高 450 米。塔底椭圆形的尺寸（短轴乘以长轴）是 60 米 ×80 米，塔顶椭圆形的尺寸是 40.5 米 ×54 米。

如此高挑的"身材"，引来众人甚至是专家的质疑。

但是建造者们笃信，这个前所未有的建筑一定能惊艳亮相。

变化多端

大多数的建筑都是对称的，每一层的施工变化不大。但是小蛮腰的结构和形状千变万化，它凝聚了建筑者们的智慧与心血。

小蛮腰顶端的椭圆中心与底座的椭圆中心相比偏心 10 米，底座与内椭圆柱核心筒偏心 9.3 米，这样的设计结构就造成小蛮腰层层偏心，使施工变形控制难度大大增加。

普通电视塔造型

大多数电视塔造型好像光秃秃的甜甜圈，千篇一律的造型已经引起人们的视觉疲劳。

钢立柱

24 根钢立柱下粗上细，下端直径 2 米、上端直径 1.2 米，为了追求极致的美感，立柱被设计成线条流畅的喇叭筒状，环梁间每段钢管上端和下端相差几毫米，要求极精准，这大大增加了工程的难度。

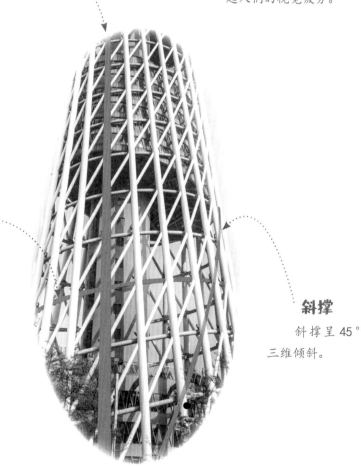

环梁

"捆扎"状的环梁和地面呈 15°斜角，每一段环梁之间的距离又是不同的，范围在 8～10 米之间。小蛮腰底部的环梁捆扎得最松，中间捆得紧来收腰，上部又稍微放松。所以小蛮腰的外结构无一条线是与水平面平行或者垂直的。

斜撑

斜撑呈 45°三维倾斜。

如此变化多端的外结构，创造了小蛮腰别样的外形，但却给工程建设带来了很大的难度，因为构成外结构的钢构件有上万件，而这上万件钢构件中却没有完全相同的两件！

打造"小蛮腰"

扎根岩石层

小蛮腰开建了，首先要打造小蛮腰的地基。

小蛮腰矗立于珠江畔，江边的泥土特别松软，含水量极高，这就意味着小蛮腰必须有十分牢固的地基，才能"站稳脚跟"。

松软的土层

建筑师们发现，小蛮腰下方的泥土松软得难于立起小蛮腰细长的"身躯"。

岩石层

地下30米左右便是岩石层，岩石层可是大陆表面最坚硬的地质层，如果核心筒地基能插入岩石层，那么小蛮腰核心筒将会十分牢固。

竖井

为了让立柱也牢固起来，建筑师们用24根立柱打了一圈"竖井"（基桩）。每个竖井直径5米左右。

--- 你知道吗？ ---

坚固的岩石层

岩石层位于土层下，在不同地区其距离地表从几米到几十米不等。广州塔下面的岩石层在地下深30米左右的地方。

因为岩石层很坚硬，所以塔基深深地扎根在岩石层中，就像一座钢柱插在岩石中，使整个建筑牢固不倒。

核心筒的地基牢牢插在地下的岩石层中，那么怎样让小蛮腰外结构的 24 根立柱牢固起来呢？

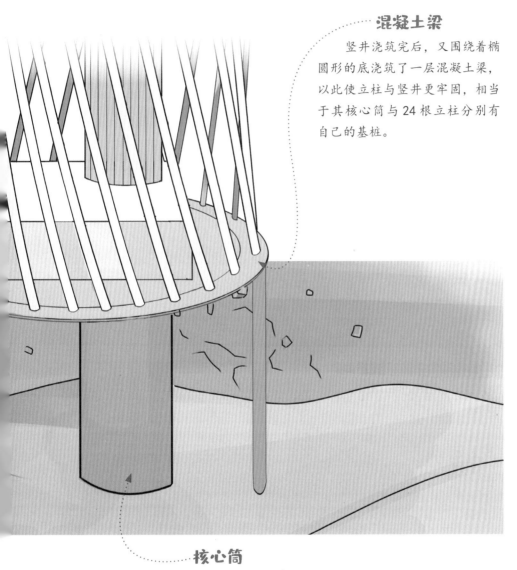

混凝土梁

竖井浇筑完后，又围绕着椭圆形的底浇筑了一层混凝土梁，以此使立柱与竖井更牢固，相当于其核心筒与 24 根立柱分别有自己的基桩。

核心筒

小蛮腰结构特殊，内结构核心筒又细又长，内外结构之间有很大的空间。广州塔核心筒的地基深达 40 米，直接穿透松软的土层，插在岩石层中。

竖井一直挖到岩石层，井内部还需要浇筑混凝土，这样就会十分牢固。每挖一段竖井就需要用混凝土在周围进行固定，以防周围潮湿的泥土坍塌下来。

可见，建筑师们为小蛮腰的塔基建设下足了功夫。小蛮腰历时 3 年完工，但是塔基施工用了整整 1 年，占整个工期的 1/3，说明建筑师们对塔基非常重视，建得十分牢固。

又细又长的核心筒

小蛮腰外形很细，还因为它拥有一个更加纤细的核心筒。

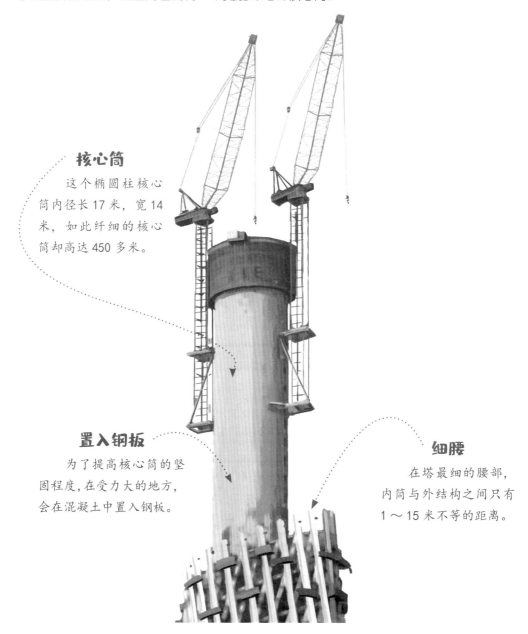

核心筒

这个椭圆柱核心筒内径长 17 米，宽 14 米，如此纤细的核心筒却高达 450 多米。

置入钢板

为了提高核心筒的坚固程度，在受力大的地方，会在混凝土中置入钢板。

细腰

在塔最细的腰部，内筒与外结构之间只有 1～15 米不等的距离。

小蛮腰不是普通的电视塔，它还必须具备观光旅游、餐饮娱乐等功能。其主结构内有多部普通电梯、逃生电梯，并配备排水系统、电力系统、广播电视系统及各类管线。

各种各样的管线、机电设备就像人体的血管、器官一样，可保证小蛮腰的正常运作。

本来纤细的腰身要容纳这么多"血管"和"器官"，是不容易的。

2 000 个节点

当小蛮腰的核心筒建造到达一定的高度后，网格状的外层钢结构（包括钢立柱）就开始搭建。立柱、环梁、斜撑相交的地方叫作节点。小蛮腰的外结构有近 2 000 个这样的节点。

如此庞大复杂的外结构是怎么建起来的呢？

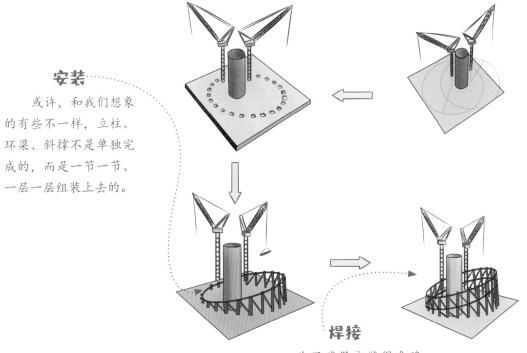

安装

或许，和我们想象的有些不一样，立柱、环梁、斜撑不是单独完成的，而是一节一节、一层一层组装上去的。

焊接

为了确保安装得准确无误，工人们甚至需要钻到管子里进行焊接。

浇筑

焊接完成后进行混凝土浇筑。浇筑混凝土后的钢管和实心钢管的强度是相近的，但是造价要远低于实心钢管。

内部绑扎了钢筋的钢管

立柱、环梁、斜撑都是钢管，这些钢管都是由钢板做成的。在工厂里，工人们把钢板像卷纸筒一样卷起来，然后焊接成管。

这些钢管的制作难点在于变化多端的配件尺寸。随着结构的扭转、变形，它们之间的尺寸呈现细微的变化，这些钢管制作的时候须计算得十分精准，才能互相衔接得分毫不差。

中空的结构

　　去除外面的钢结构，小蛮腰细长的柱体上，好像穿糖葫芦一样穿了五个圆房子。这互相分离的五个圆房子加起来有 37 层——别出心裁的结构设计，可以容纳更多人前来观光。

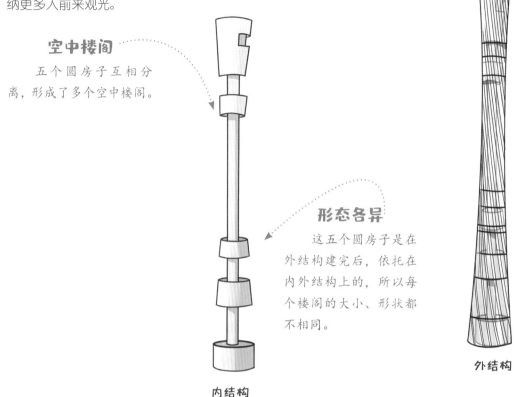

空中楼阁

　　五个圆房子互相分离，形成了多个空中楼阁。

形态各异

　　这五个圆房子是在外结构建完后，依托在内外结构上的，所以每个楼阁的大小、形状都不相同。

外结构

内结构

　　核心筒与外结构之间由一个个钢构件相连，工人们在钢构件上面铺设钢板。

钢板

　　由于塔身呈扭转的姿态，所以楼内铺设的钢板的大小都是不一样的，每块钢板都需要单独定制。

工人用钢板铺设空中楼阁的"地面"

外柔内刚

不怕强台风

广州临近南海，强台风对于这里的人们来说并不陌生。华南地区每年都有多次台风，而广州多处于台风的路径中，每年平均有 4 个热带风暴扫过广州。

2008 年 9 月，小蛮腰正在建设中，强台风横扫广东南部，登陆时的最大风力可达 14 级。

在强台风面前，小蛮腰的钢管如芦苇般纤细，它能承受强台风的打击吗？

螺旋状的风

经过模拟测试，当强风遇上笔直建筑物的时候，会产生一圈圈螺旋状的风，在风涡的来回作用下，高楼面临坍塌的危险。

为验证小蛮腰的抗风能力，建设者们用小蛮腰模型进行了多种强风测试，包括"气动弹性模型风洞试验"和"蒙特卡罗"风环境研究等试验。

扰乱风的轨迹

小蛮腰不对称、中空的造型恰恰扰乱了风的行动轨迹，大大减小了风的作用力，因此强风对它的威胁很小。

试验模拟 14 级风力，相当于以约 160 千米 / 时的风速持续吹小蛮腰，结果小蛮腰是可以抵御的。

热情好客

别看小蛮腰内在刚强、坚固，它的外在却温柔、美丽，并且热情好客。

设计者们希望小蛮腰能给前来参观的游客留下深刻印象，希望人们可以悠闲地漫步在这个高楼里，有更多独特的体验，好好感受小蛮腰的美。热情的小蛮腰，设置了很多娱乐项目。

极速云霄

这里有被纳入吉尼斯世界纪录的"极速云霄"，建成时它是世界上最高的垂直速降游乐项目，称号为"世界最高的惊险之旅保持者"。

摩天轮

位于 450 米高顶楼的摩天轮，建成时是世界上最高的横向摩天轮，有 16 个全透明材质的球舱，人们坐在里面会感到非常震撼。

旋转餐厅

位于小蛮腰 106 层，人们可在超高的旋转餐厅俯瞰美丽的广州。

天梯

从 168 米到 334 米为天梯，人们可以在高空中漫步。

防火、抗震的阻尼器

我们已经知道，阻尼器是防止建筑物振动而设计的装置，一般放置在建筑物的顶端。

普通阻尼器一般是用金属球或混凝土做成的，占用空间较大，并且造价高昂。小蛮腰阻尼器用最简单的装置，却能获得很好的效果。

小蛮腰的阻尼器是水箱做成的，水箱下面安置了轨道滑轮，水箱可以滑动。

水箱阻尼器

水箱可以当高楼的阻尼器来减震。当遇到地震或者大风时，水箱阻尼器可以使塔身晃动幅度降低约40%。

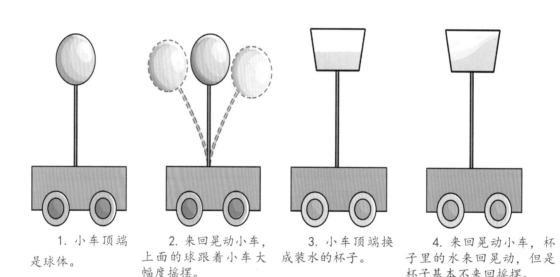

1. 小车顶端是球体。

2. 来回晃动小车，上面的球跟着小车大幅度摇摆。

3. 小车顶端换成装水的杯子。

4. 来回晃动小车，杯子里的水来回晃动，但是杯子基本不来回摇摆。

水箱阻尼器抗震原理

广州的抗震设防烈度为7度，小蛮腰经过测试，可以经受7.8度的地震烈度，要知道，7.8度的地震烈度在广州极为罕见。

--- 你知道吗？ ---

建筑物的抗震标准

建筑物的设计建造要符合国家规定的抗震标准，如果不达标是不会通过验收的。不同的地区抗震标准也不同，国家制定的"抗震设防烈度图"把抗震设防标准设置为6～9度。我国大部分地区的房屋抗震设防烈度为7度，北京等少部分地区为8度。

而抗震设防烈度每调高1度，建筑物的造价成本会增加约10%。

防火的阻尼器

面对这么高的小蛮腰，消防车恐怕只能够到其"小腿"，所以消防救援还得靠小蛮腰自救。

高层建筑很少把水源放在高处，小蛮腰打破了这个惯例，因为这两台巨大的阻尼器是水箱做的。小蛮腰屋顶安装的两个水箱，除了抗震，它们还有一个重要的功能——防火。

消防水箱

当遇到火灾，在停水停电的情况下，小蛮腰拥有一个稳定的、充足的、不需要水泵的水源，给小蛮腰提供了发生火情时的安全保障。

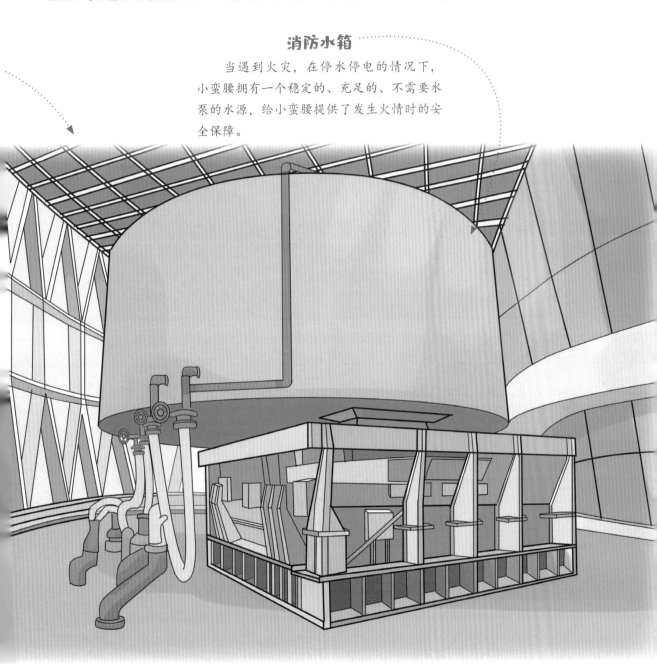

当火情发生时，巨大水箱里的水不会一次性全流下来，因为高空水落下来会产生极大的破坏力。小蛮腰五个成"串"的圆房子里，都设置了减压水箱，可以缓冲水流下来时产生的冲击力。

鳞次栉比的楼宇，让人感受到了现代化的美好生活，但是我们不能忘记过去。侵华日军南京大屠杀遇难同胞纪念馆不单单是一系列楼宇建筑，更是一部承载那段历史的厚重作品，每一个场景都引人深思。

第四章　侵华日军南京大屠杀遇难同胞纪念馆

期盼和平 92

和平的场所精神
吾辈当自强

不只是一栋建筑

牢记历史

了解那段历史的人们都知道，1937 年 12 月 13 日，侵华日军侵占了我国的古都南京后，公然违反国际公约，在南京进行了长达 6 周的烧、杀、奸、掠。日军对手无寸铁的平民和放下武器的中国士兵大肆屠杀，死难者总数根据战后南京审判战犯军事法庭判决达 30 万以上，当时的南京 1/3 的建筑被毁，大量公私财物被掠夺，古都南京遭受了一场空前的劫难。南京市内形成多处掩埋遇难同胞的"万人坑"。

后来依照广大群众的要求，江苏省和南京市政府决定，根据南京大屠杀事实编史、立碑、建馆。

寻址

由于时间的流逝，"万人坑"所在地的地形地貌都发生了一些变化，根据当年参加掩埋遇难同胞的红十字救援队老人的回忆与指证，人们冒着风雨寻找多日，终于在江东门找到"万人坑"的确切位置。那些躺在"万人坑"中的遇难同胞已成了累累白骨……

侵华日军南京大屠杀遇难同胞纪念馆始建于 20 世纪 80 年代，选址于南京市内众多遇难同胞丛葬地（"万人坑"）中的一个——侵华日军南京大屠杀死难同胞丛葬地——江东门丛葬地。

南京多地设立遇难同胞纪念碑

悲鸣的乐章

　　侵华日军南京大屠杀遇难同胞纪念馆，一期于 1985 年 8 月 15 日建成开放；1995 年 12 月 13 日进行了二期奠基扩建，扩建后的总面积达 7.4 万平方米，是一期纪念馆面积的 3 倍。

　　一期纪念馆由齐康主持设计，二期由齐康、何镜堂设计，该馆的扩建工程获得最佳建筑奖提名。

　　走进纪念馆，你不仅能看到南京大屠杀的历史资料、文物、影像，更能从纪念馆的建筑、雕塑中，感受到肃穆的气氛。

　　这不仅仅是一栋建筑，更像一首悲鸣的乐章，有序幕、有开头、有高潮、有结尾，还有回声。

独具匠心

　　这里的每一处设计，都蕴藏着设计者的独具匠心，都在为死难同胞悲痛，都是对日本军国主义的控诉！

我以无以言状的悲忱追忆那血腥的风雨
我以颤抖的手抚摩那三十万亡灵的冤魂
我以赤子之心刻下这苦难民族的伤痛
我祈求
我期望
古老民族的觉醒
——精神的崛起！！！

遇难者300000
Victims three hundred thousand
遭難者　300.000

Opfer drei hund

Vittime trecento mila

조난자　30만

对战争的控诉

灾难再现的雕塑

设计师把灾难现场的"同胞"搬到了入口处，一座座栩栩如生的人像雕塑，好像有血有肉的生命，让人们看到他们惊恐万分的表情，感受到他们难以复加的悲痛。

怀抱因日军暴行而死去的孙儿，痛不欲生……

水中雕塑

距离巨型雕塑 50 米处，是逃难的场景，一组又一组的雕塑置于水中，在讲述着一个又一个泣血的故事。

雕塑置于水中，可以防止游人触碰，让游人觉得好像触手可及却又隔着遥不可及的历史河流。此处照应了园区尾声处和平公园的水景。

目睹自己的母亲被杀的孩童，惊恐地哭泣，这成为他永生难以磨灭的梦魇

被凌辱的少女

逃生的难民

巨型雕塑

这是一尊高 12.13 米的巨型雕塑，一位母亲生无可恋地抱着她的宝宝，这个宝宝看上去没有气息，作为母亲，最大的悲哀莫过于此，以此拉开"家破人亡"的序幕。

13 岁的少年背着惨死在日军手中的奶奶，无助地逃啊……逃啊……

断掉的军刀

史料陈列厅作为扩建部分，被建成"军刀"的形状。从侧面看，酷似一把折断的军刀，断裂的军刀一半被埋入地下，"刀把"的一端抬高、翘起，提升了几十米，于是就形成了地下纪念馆。

设计师把纪念馆设计成这种形状是有原因的。首先，江东门丛葬地从曾经的荒野，变成如今车水马龙的市中心，两边喧嚣的道路正好把这里挤成三角形。作为二期扩建工程，想要合理利用这块狭长的地方，并且还要在这繁华地段打造出一个庄严肃穆的场所，必须有与众不同的设计才能完成。

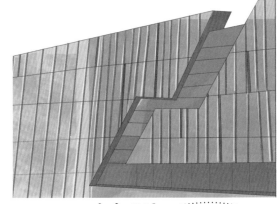

地下纪念馆

"刀把"翘起，军刀深埋地下，纪念馆被打造成为地下陈列厅。人们进入地下，就进入一个与外界完全隔绝的空间，不会被外界的喧嚣所干扰，独立而庄重的场所就形成了。

窗户设计

折断形状的窗户设计是很有意义的，既形成了断掉的"军刀"的寓意，又可以为室内史料陈列厅所在的位置提供自然光线。

走进史料陈列厅，里面珍藏着大量的照片、历史证言、文物等资料，每一项资料都泣诉着日军在南京大屠杀中所犯下的罪行。

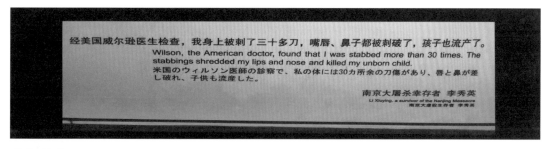

经美国威尔逊医生检查，我身上被刺了三十多刀，嘴唇、鼻子都被刺破了，孩子也流产了。

Wilson, the American doctor, found that I was stabbed more than 30 times. The stabbings shredded my lips and nose and killed my unborn child.

米国のウィルソン医師の診察で、私の体には30カ所余の刀傷があり、唇と鼻が差し破れ、子供も流産した。

南京大屠杀幸存者 李秀英
Li Xiuying, a survivor of the Nanjing Massacre
南京大虐殺生存者 李秀英

史料陈列厅里的展品

外墙

建筑物的外墙布满粗糙的纹理，肌理感强，给人以沉重的历史感。

断掉的"军刀"

"军刀"造型的建筑物和常规的建筑物形成了鲜明的对比，"刀把"翘起，因为已经和屠刀断裂开，所以再也拿不起来——决不能让侵略战争再次发生。

苍天有眼

　　"'万人坑'遗址"和"冥思厅"是老纪念馆，也是整个场馆最为悲情的部分。"万人坑"内所展示的遗骨是修建场馆时挖出来的部分遇难同胞的遗骨。

苍天有眼

　　纪念馆施工中发现了一处遗骸，之前的遗骸大多没有保存原貌，而是挖掘出来后重新安放的。如今建设者决定保留此处遗骸原貌。

　　在这处意外发现的遗骸上方，建设者们开了一个天窗，命名为"苍天有眼"，意为"冤屈"重见天日。

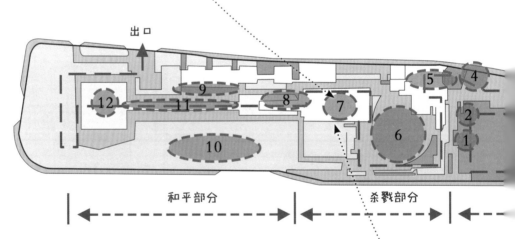

　　南京大屠杀很多集体屠杀的遗址随着时间的推移、地形地貌的改变，以及城市的快速发展，没有很好地被发掘、保存下来，侵华日军南京大屠杀遇难同胞纪念馆里所展示的"万人坑"，也只有部分遇难同胞的遗骨。而这些，都是侵华日军滔天罪行的铁证。

1. 国家公祭鼎　7. "万人坑"遗址
2. 和平大钟　8. 冥思厅
3. 史料陈列厅　9. 胜利之墙
4. 悼念广场　10. 和平公园
5. 张纯如铜像　11. 水池
6. 遗址广场　12. 和平女神雕像

空间布局转化场所精神

纪念馆的每个展厅，设计师都做了特别的考虑，利用空间的布局来传达场所精神。比如，史料陈列厅内的地面不是水平的，设计师设计了 3% 的坡度使地面倾斜，当人们走在上面，人体能感觉到，但是又不明显，会感觉到些许的不舒服。

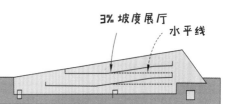

倾斜地面

在昏暗的环境中，人们斜着上坡又斜着下坡，身体上的不舒服会造成一种难过的心理暗示。

"破碎"的吊顶

吊顶"支离破碎"。吊顶直接采用不规则的形状大块拼接，也是在传达"心碎"的情绪。

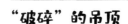

战争部分

座椅

公共座椅没有靠背，有助于访客注意自己的坐姿，增加肃穆感。

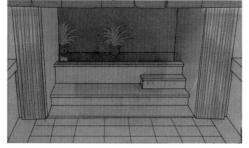

高门槛

在"万人坑"遗址门口，建筑师设置了高高的门槛，意为提醒访客要脚步轻柔地慢行。

设计者在建筑中的巧妙设计，让访客产生不同寻常的体验，实际是利用场所传达一种精神，一种肃穆、哀伤的精神，这就是场所精神。

冤魂的呐喊

纪念馆中有些不同寻常的设计，很能戳中人心，如室内布置的模仿水滴下落的条形灯带，每滴水滴落下，表示一个无辜的生命被屠杀。

在南京大屠杀持续的6周时间里，30万中国公民成为侵华日军的刀下亡魂，相当于每12秒，就有一个生命在黑暗和恐惧中陨落。

水滴下落

每隔12秒，一滴水滴落下，如一把把利剑，刺痛了人们的心。

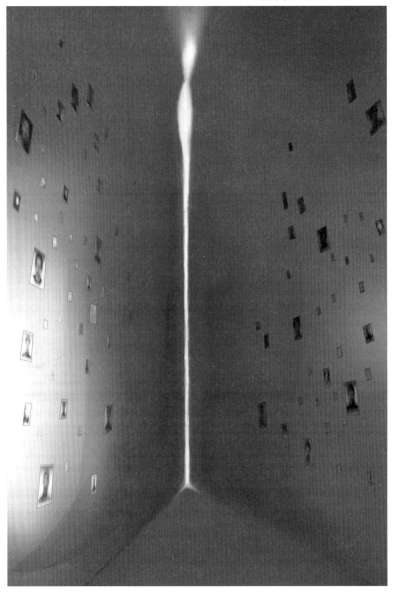

照片闪烁

水滴落下来，滴水墙上的照片也随之闪动。

生命被剥夺

那本是一个个鲜活的生命，却被残忍地杀害了。

期盼和平

和平的场所精神

前事不忘，后事之师。

建造侵华日军南京大屠杀遇难同胞纪念馆，是为了让后人不要忘记这段屈辱的历史，我们要奋发图强，保卫、建设祖国。但是我们不是复仇主义者，我们深知战争带来的痛苦，我们渴望和平。

所以，以和平公园作为纪念馆的尾声部分。

和平女神雕像

设计师用长 160 米的条形水池将人们的视线引向水池的终点——和平女神雕像，表达了向往和平、珍爱和平的场所精神。

士兵吹响和平的号角

从纪念馆正前方俯瞰，侵华日军南京大屠杀遇难同胞纪念馆又像一艘破浪前行的"和平之舟"，与和平公园首尾呼应，共同表达珍爱和平的愿望。

吾辈当自强

如今的中国再也不是过去的中国，繁华的都市，高楼林立，但是我们不能忘记这座侵华日军南京大屠杀遇难同胞纪念馆。

国家公祭日

每年的12月13日，是南京大屠杀死难者国家公祭日，人们的目光都聚焦这里——侵华日军南京大屠杀遇难同胞纪念馆，悼念遇难同胞。

那段惨痛的历史还没走过百年，曾经的苦难长辈还在诉说……

我们铭记历史，祭奠这段历史，但是我们不能被泪水模糊了双眼，因为我们不仅要缅怀万千的遇难同胞，更要警醒自己和后人，我们要自强不息。

侵华日军南京大屠杀遇难同胞纪念馆不仅仅是一栋建筑，更是我们精神上的超级工程，它时刻警醒我们，勿忘国耻，吾辈当自强！

你知道吗？

国家公祭鼎

古文以鼎记事，今之铸鼎铭史。国家公祭鼎是从出土自战国时代的楚大鼎为原型制造出来的。国家公祭鼎高1.65米，铜质鼎身和底座重2014千克，石质基座重1213千克，象征着2014年12月13日首次举行南京大屠杀死难者国家公祭仪式。

国家公祭鼎上铸有"铸兹宝鼎，祀我国殇。永矢弗谖，祈愿和平。中华圆梦，民族复兴"等160字的铭文。

图书在版编目（CIP）数据

中国楼 / 陈馈，王江卡，周蓓主编 . — 郑州：河南科学技术出版社，2022.1（2023.7 重印）
（中国超级工程丛书）
ISBN 978-7-5725-0731-1

Ⅰ . ①中… Ⅱ . ①陈… ②王… ③周… Ⅲ . ①高层建筑 – 中国 – 青少年读物 Ⅳ . ① TU97-49

中国版本图书馆 CIP 数据核字（2022）第 016914 号

中国楼

出版发行：河南科学技术出版社
　　　　　地址：郑州市郑东新区祥盛街 27 号　邮编：450016
　　　　　电话：（0371）65788613　65788642
　　　　　网址：www.hnstp.cn
总 策 划：张　勇　徐　春
策划编辑：牟　斌　薛　雪
责任编辑：薛　雪　刘燕芳　许逸舒　牟　斌
责任校对：耿宝文　徐小刚
整体设计：小红帆
插图绘制：姜　雨　王美伦　赵博文
责任印制：张艳芳
印　　刷：涿州市京南印刷厂
开　　本：787 mm × 1092 mm　1/16　印张：6.5　字数：150 千字
版　　次：2022 年 1 月第 1 版　　2023 年 7 月第 5 次印刷
定　　价：49.80 元